东京制果名师的
玛芬蛋糕和杯子蛋糕

〔日〕若山曜子◇著　　周小燕◇译

红星电子音像出版社

前 言

这次为了写玛芬蛋糕的书，特意去买了1个玛芬模。将崭新的玛芬模和家里用旧的玛芬模摆在一起，颜色对比之鲜明让人惊讶。家里的玛芬模几乎变成了黑色。说起来，这个玛芬模还是我中学时买的。

要是别人问我最拿手做什么，我会回答做甜点，并不是人们脑海中浮现的华丽甜点，而是平时常见的唾手可得的甜点。玛芬和杯子蛋糕，虽然属于甜点，但对我来说它们更像是"小零食"。

玛芬蛋糕是极其好做的甜点。只用1个碗就能混合所有材料，如果没有玛芬模，用纸杯代替也能完成烘烤。混合大量粉类时，一定要放入油分以外的液体。可以放酸奶、果汁，也可以放咖啡。这样一来，即使不用黄油，其他液体的风味和植物油的香醇，也能让做好的甜点带有丰富的味道。

书中介绍的基础杯子蛋糕味道清爽。将蛋液打发，就能做出这种蓬松、绵软、轻盈的口感。不论搭配什么样的装饰都非常合适。

其实，我在研究甜点配方初期时，也用过活底玛芬模。烤好的蛋糕不大不小，适合作为礼物送人。将喜欢的蛋糕糊倒入小模具中烘烤，送人时就不用为装饰和包装发愁了。

从中学开始，我就一直用同一个玛芬模做甜点，时至今日，这个玛芬模依然方便好用，它一直毫不张扬地独自奋斗着。现在，增加了新的伙伴，就可以和它一起努力了。

若山曜子

1 用 1 个碗制作

2 不使用黄油也可以

3 没有模具也能烘烤

4 尽享装饰的乐趣

Contents

第3章

用植物油制作 /
玛芬和杯子蛋糕

【本书的规定】

◎1大匙等于15mL，1小匙等于5mL。

◎鸡蛋选用中等大小（净重50g）。

◎使用燃气烤箱时，烘烤温度在食谱基础上调低10℃。

◎烤箱提前预热至设定温度，烘烤时间依烤箱热源、烤箱种类不同而略有差异。参考食谱中的烘烤时间，观察上色情况，自行调整。

◎鸡蛋的大小和打发方法的不同，会影响蛋糕糊总量。多余的蛋糕糊可以倒入纸杯模中烘烤。

Butter

第1章

用黄油制作/

基础的玛芬和杯子蛋糕

除了用搅拌黄油的方法制作经典玛芬，本章还介绍了用熔化黄油或者淡奶油制作的玛芬。我会通过减糖和加入酸奶，凸显蛋糕的轻盈口感。即使放一段时间也很美味，口感更浓郁，令人感到满足。玛芬保留了最初的口感，余味香浓。

1

基础的经典玛芬

通过搅拌黄油制作而成的香浓玛芬。烤好的蛋糕表面酥脆、内里绵润。凸显黄油味道的人气蛋糕配比。配方中使用2个鸡蛋，做7个蛋糕绰绰有余。剩余的蛋糕糊可以倒入纸杯模中烘烤。

材料（直径 7cm 的玛芬模 7 个份）

低筋面粉	250g
泡打粉	1 小匙
黄油（无盐）	100g
蔗糖	110g
鸡蛋	2 个
牛奶	100mL

提前准备

· 黄油和鸡蛋室温静置回温。
· 模具内放入纸托。
· 烤箱提前预热到 190℃。

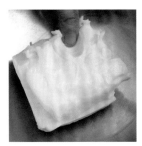

从冰箱的冷藏室中取出黄油，室温静置一会儿，软化到可以轻松插入手指的程度。

❶ 搅拌黄油和蔗糖

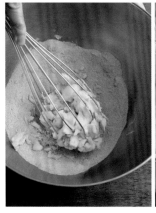

碗内放入软化的黄油、蔗糖，用打蛋器搅拌。

搅拌到蔗糖的颗粒消失，略微蓬松即可。

❷ 倒入蛋液

分两次倒入打散的蛋液。

＊关键在于分两次倒入，否则难以搅拌。

❸ 依次放入粉类⇒牛奶⇒粉类

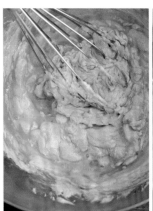

每次都用打蛋器转圈搅拌。

将一半粉类筛入碗中。

用打蛋器大幅度粗略搅拌。

＊如果搅拌过度，蛋糕糊容易黏在打蛋器上，粗略搅拌即可。

倒入全部的牛奶。

用打蛋器粗略搅拌。

将剩余的粉类筛入碗中。

用橡皮刮刀切拌均匀。

*注意不要搅拌过度。如果搅拌
过度，蛋糕容易变硬。

❹ 烘烤

搅拌到没有干面粉，均匀
融合后，蛋糕糊就做好了。

用汤匙将蛋糕糊舀入模具
中，舀至八分满。

*剩余蛋糕糊舀入1个纸杯模中。

放入190℃的烤箱中，烘
烤18~20分钟，烤至焦黄。
脱模（注意避免烫伤），
连同纸托一起放在蛋糕架
上放凉。

2

基础的熔化黄油玛芬

只须最后倒入熔化黄油搅拌，最简单好做的玛芬。减少黄油用量，蛋糕的口感会更轻盈，但黄油的香气依然很浓郁。蛋糕质地绵润，味道纯粹，适合搭配多种食材。

材料（直径 7cm 的玛芬模 6 个份）

低筋面粉	140g
蔗糖	110g
泡打粉	1 小匙
鸡蛋	2 个
原味酸奶	100g
黄油（无盐）	50g

提前准备

· 鸡蛋室温静置回温。
· 黄油用微波炉（600W）加热 30 秒熔化，散热。
· 模具内放入纸托。
· 烤箱提前预热到 190℃。

❶ 搅拌粉类　　❷ 依次倒入蛋液⇒酸奶

碗内放入粉类，用打蛋器转圈搅拌。

＊因为省去了过筛，所以要用力搅拌到混入大量空气，使粉类变得蓬松。

将打散的蛋液倒在粉类中间。

用打蛋器从粉类内侧开始一点点转圈粗略搅拌。

＊搅拌至略微残留干面粉的程度。

❸ 倒入熔化黄油　　❹ 烘烤

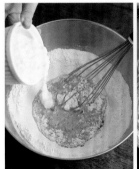

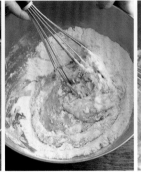

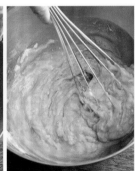

将酸奶倒在蛋液上。

用打蛋器从粉类内侧粗略快速地搅拌。

＊粗略搅拌至略微残留干面粉的程度。

倒入熔化黄油。

用打蛋器转圈搅拌，搅拌到没有干面粉。

用汤匙将蛋糕糊舀入模具中，舀至八分满。放入 190℃的烤箱中，烘烤 18~20 分钟，烤至焦黄。脱模（注意避免烫伤），放凉。

3

基础的淡奶油玛芬

纹路细腻的面糊，类似蛋糕口感的玛芬。淡奶油含有水分，
烘烤出的蛋糕质地绵润。放置一段时间也不会变干，美味
依旧。蛋糕糊水分较多，相比新鲜的水果，更适合搭配果
酱、果仁、果干。

材料（直径 7cm 的玛芬模 6 个份）

| 低筋面粉·······················150g
| 蔗糖···························120g
| 泡打粉·························1 小匙
鸡蛋·····························2 个
淡奶油··························140mL

提前准备

· 鸡蛋室温静置回温。
· 烤箱提前预热到 190℃。

❶ 搅拌粉类　❷ 倒入蛋液 + 淡奶油

碗内放入粉类，用打
蛋器转圈搅拌。

* 因为省去了过筛，所以要
用力搅拌到混入大量空气，
使粉类变得蓬松。

将淡奶油倒在打散的
蛋液中，用小打蛋器
搅拌。

* 基本搅匀即可。

将蛋奶液全部倒在粉
类中间。

❸ 烘烤

用打蛋器从粉类内侧
一点点转圈搅拌。

→　　→　　→

搅拌到没有干面粉，
质地变得顺滑后，蛋
糕糊就做好了。

用汤匙将蛋糕糊舀入
模具中，舀至八分满。

放入 190℃的烤箱中，
烘烤 18~20 分钟，烤
至焦黄。脱模（注意
避免烫伤），放凉。

4

基础的奶油奶酪玛芬

奶油奶酪带有淡淡的酸味和咸味，做好后直接食用，便能感受到别具一格的风味，令人印象深刻。放入西柚、南瓜、牛油果等水果，或者其他适合搭配奶油奶酪的蔬菜，能让蛋糕变得更加美味。

材料（直径 7cm 的玛芬模 6 个份）

低筋面粉	100g
泡打粉	1 小匙
奶油奶酪	120g
蔗糖	90g
鸡蛋	2 个
牛奶	50mL
装饰用奶油奶酪	30g

提前准备

· 奶油奶酪 120g 和鸡蛋室温静置回温。

· 模具内放入纸托。

· 烤箱提前预热到 190℃。

❶ 搅拌奶油奶酪和蔗糖

碗内放入软化的奶油奶酪、蔗糖，用打蛋器搅拌。

搅拌到蔗糖的颗粒消失，略微蓬松即可。

❷ 倒入蛋液

分两次倒入打散的蛋液，每次都用打蛋器转圈搅拌。

❸ 依次放入粉类⇒牛奶⇒粉类

将一半粉类筛入碗中。

用打蛋器大幅度粗略搅拌。

＊如果搅拌过度，蛋糕糊容易黏在打蛋器上，粗略搅拌即可。

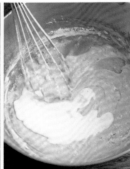

倒入牛奶，粗略搅拌。

将剩余的粉类筛入碗中，用橡皮刮刀切拌，搅拌至没有干面粉。

＊注意不要搅拌过度。如果搅拌过度，蛋糕容易变硬。

❹ 烘烤

用汤匙将蛋糕糊舀入模具中，舀至八分满，放上撕成 1cm 见方小块的奶油奶酪。放入 190℃的烤箱中，烘烤 18~20 分钟，烤至焦黄。脱模（注意避免烫伤），放凉。

5

基础的黄油杯子蛋糕

打发整个鸡蛋制作而成的蓬松海绵蛋糕。放入熔化黄油，
做出令人怀念的味道。可以什么都不加直接食用，也可以
淋上蜂蜜或淡奶油，让味道更丰富。建议用打发的淡奶油
装饰。

材料（直径 6cm 的纸杯模 4 个份）*

低筋面粉·······················45g
蔗糖························40g
鸡蛋·······················1 个
黄油（无盐）···············25g
牛奶······················1/2 大匙
装饰用淡奶油、蔗糖、草莓酱
·······················各适量

* 也可以成倍制作。
温度和烘烤时间不变。

提前准备

烤箱提前预热到 190℃。

❶ 打发蛋液

  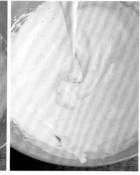

碗内放入蛋液和蔗糖，隔水加热（碗底放在热水上），用电动打蛋器高速打发。

加热到约 50℃（插入手指测温，温热不烫手即可），撤下热水，充分打发到蓬松。

提起打蛋器时，蛋液呈缎带状落下堆积即可。最后低速打发约 1 分钟，整理纹路。

❷ 放入粉类

将粉类筛入碗中。

用橡皮刮刀切拌，搅拌至没有干面粉。

❸ 倒入熔化黄油 + 牛奶

黄油用微波炉（600W）加热 20 秒熔化，趁热和牛奶混合，倒入面糊中。

用橡皮刮刀搅拌均匀。

* 搅拌到蛋糕糊呈现光泽、质地顺滑即可。

❹ 烘烤

用汤匙将蛋糕糊舀入模具中，舀至七分满，放入 190℃的烤箱中，烘烤 12~15 分钟，烤至焦黄。放凉后，用汤匙将放入砂糖打发的淡奶油、果酱舀在蛋糕上。

第2章

用黄油制作/

多种玛芬和杯子蛋糕

Butter

以基础的5种蛋糕糊为底，搭配各种食材，做出富于变
化的玛芬和杯子蛋糕。本章除了介绍用酥粒装饰的玛芬，
还有用杯子烘烤的奶酪蛋糕和巧克力蛋糕。

1.
香蕉玛芬

将香蕉捣碎放入蛋糕糊中，上面也放上香蕉烘烤，朴素却不失美味的玛芬。用核桃等干果装饰，或者混入巧克力、蓝莓烘烤。

做法⇒p24

2.
苹果枫糖玛芬

用黄油和枫糖浆煎苹果，做出类似苹果派馅料的味道。苹果的水分浸入蛋糕糊，让玛芬的味道绵润深邃。

做法⇒p25

3.
蓝莓玛芬

加入柠檬汁和柠檬皮碎增添酸味。冷冻的蓝莓略微烘烤便会收缩，烤好的玛芬会呈现出类似图片这般美丽的样子。淋上柠檬糖霜（p48）味道更好。

做法⇒p26

5. 巧克力生姜玛芬

巧克力和生姜的搭配非常受欢迎。生姜的
香气会在最后凸显出来，余味非常惊艳。

做法⇒p27

4. 白巧克力柠檬玛芬

煮柠檬的酸味能凸显白巧克力牛奶般的香甜。
白巧克力容易烤焦，避免烤焦的秘诀是将其埋
入蛋糕糊中。

做法⇒p27

6.
柠檬棉花糖玛芬

放上柠檬奶油，做成柠檬派风格的玛芬。用棉花糖代替蛋白霜装饰。烘烤过程中放上棉花糖，便能保留其形状。

做法⇒p28

7.
芒果干玛芬

芒果干用酸奶泡软，水润多汁。浓缩的美味让蛋糕味道更好。撒上椰蓉烘烤同样美味。

做法⇒p28

8. 摩卡咖啡奥利奥玛芬

带有咖啡和可可风味的蛋糕糊，增添肉桂让味道变得更厚重。奥利奥由微苦的饼干和香甜的奶油组合而成，用手掰开或者整片放在蛋糕糊上装饰，好看又好吃。

做法⇒p29

1. 香蕉玛芬 经典

材料（直径7cm的玛芬模6个份）

| 低筋面粉·····················160g
| 泡打粉·······················1小匙
黄油（无盐）·················70g
蔗糖·························60g
鸡蛋·························1个
香蕉········约2根（净重200g）
原味酸奶·····················3大匙

提前准备

·黄油和鸡蛋室温静置回温。
·取130g香蕉用叉子捣碎，剩余切成5mm厚圆片。
·模具内放入纸托。
·烤箱提前预热到190℃。

做法

❶ 碗内放入软化的黄油、蔗糖，用打蛋器搅拌，分两次倒入打散的蛋液，每次都转圈搅拌。

❷ 依次放入一半粉类（过筛放入）⇒捣碎的香蕉、酸奶，每次都用打蛋器粗略搅拌，再筛入剩余的粉类，用橡皮刮刀搅拌均匀。

❸ 将蛋糕糊舀入模具中，舀至八分满，放上3~4片的香蕉薄片，放入190℃的烤箱中，烘烤约20分钟。

*放上切碎的核桃或者酥粒（p52）烘烤，蛋糕糊里放入巧克力、蓝莓、奶油奶酪，非常美味。

香蕉用叉子捣成泥状，放入蛋糕糊中搅拌。装饰用的香蕉切成5mm厚圆片，准备约18片。

将蛋糕糊舀入模具中，约八分满，均匀地放上3~4片切薄的香蕉片烘烤。

2. 苹果枫糖玛芬 经典

材料（直径 7cm 的玛芬模 6 个份）

| 低筋面粉······················ 125g
| 泡打粉······················ 1/2 小匙
黄油（无盐）···················· 50g
蔗糖···························· 55g
鸡蛋···························· 1 个
牛奶························· 50mL

【煎苹果】

苹果··········· 1 个（净重 250g）
黄油（无盐）···················· 10g
枫糖浆·················· 2 大匙

提前准备

· 黄油和鸡蛋室温静置回温。

· 模具内放入纸托。

· 烤箱提前预热到 190℃。

做法

❶ 制作煎苹果。苹果去核，带皮切成 1.5~2cm 见方的小块，平底锅内放入黄油化开，加入苹果块用小火炒透，倒入枫糖浆，收汁后放凉。

❷ 碗内放入软化的黄油、蔗糖，用打蛋器搅拌，分两次倒入打散的蛋液，每次都转圈搅拌。

❸ 依次放入一半粉类（过筛放入）⇒牛奶，每次都用打蛋器粗略搅拌，剩余的粉类过筛放入，用橡皮刮刀搅拌均匀。搅拌至略微残留干面粉的程度，放入❶中 2/3 的苹果，搅拌均匀。

❹ 将蛋糕糊舀入模具中，舀至八分满，放上❶中剩余的苹果，放入 190℃的烤箱中，烘烤约 18~20 分钟。

关于苹果块的大小，大的苹果块容易沉入蛋糕糊中，小的存在感较弱，大小块混杂味道更好。喜欢的话可以放入肉桂，也很美味。

3. 蓝莓玛芬 熔化黄油

材料（直径 7cm 的玛芬模 6 个份）

| 低筋面粉 ·················· 140g
| 蔗糖 ····················· 110g
| 泡打粉 ·················· 1 小匙
鸡蛋 ······················· 2 个
原味酸奶 ···················· 100g
黄油（无盐）················ 50g
蓝莓（冷冻也可以）········ 100g
柠檬汁、柠檬皮碎（使用未打蜡
　的柠檬）········· 各 1/2 个的量

提前准备

· 鸡蛋室温静置回温。
· 黄油用微波炉（600W）加热 30 秒
　熔化，散热。
· 模具内放入纸托。
· 烤箱提前预热到 190℃。

做法

❶　碗内放入粉类，用打蛋器转圈搅拌，依次倒入打散的蛋液⇒酸奶，每次都粗略搅拌。

❷　放入熔化黄油，用打蛋器转圈搅拌，搅拌至略微残留干面粉的程度，放入蓝莓（冷冻的可以直接使用）、柠檬汁、柠檬皮碎，用橡皮刮刀搅拌均匀。

❸　将蛋糕糊舀入模具中，舀至八分满，放入 190℃的烤箱中，烘烤约 18~20 分钟。

＊和柠檬糖霜（p48）搭配绝佳，建议淋上糖霜。放入切块的奶油奶酪烘烤，味道更好。
＊放入 150g 蓝莓也非常美味。这一分量的蛋糕糊大概能做 8 个玛芬。

蛋糕糊做好后，放入蓝莓、柠檬汁、柠檬皮碎，用橡皮刮刀搅拌均匀。冷冻蓝莓可以直接放入使用。

4. 白巧克力柠檬玛芬 [熔化黄油]

材料（直径 7cm 的玛芬模 6 个份）

| 低筋面粉…140g | 白砂糖…90g |
| 泡打粉……………………1 小匙 |

原味酸奶…100g　　鸡蛋…2 个

黄油（无盐）………………50g

巧克力板（白巧克力）…1 块（40g）

【糖煮柠檬】

柠檬（未打蜡）………………1 个

白砂糖…2 大匙　　　水…3 大匙

提前准备

· 鸡蛋室温静置回温。

· 黄油用微波炉（600W）加热 30 秒
  熔化，散热。

· 模具内放入纸托。

· 烤箱提前预热到 190℃。

做法

❶　制作糖煮柠檬。柠檬带皮切成 2~3cm
厚的 6 片，和白砂糖、水一起放入小锅中，
用小火煮透，放凉(a)。将柠檬两端的皮磨碎。

❷　碗内放入粉类，用打蛋器转圈搅拌，依
次倒入打散的蛋液⇒酸奶，每次都粗略搅拌。

❸　放入熔化黄油、❶中磨碎的柠檬皮，用
打蛋器转圈搅拌至没有干面粉。

❹　蛋糕糊舀入模具中，舀至八分满，每个
蛋糕放上 2 小块巧克力碎（埋入蛋糕中），
再放上 1 片❶中的糖煮柠檬，放入 190℃ 的
烤箱中，烘烤 18~20 分钟。

a

---

5. 巧克力生姜玛芬 [熔化黄油]

材料（直径 7cm 的玛芬模 6 个份）

| 低筋面粉…140g | 可可粉…30g |
| 泡打粉……………………1 小匙 |

蔗糖…100g　　　　鸡蛋…2 个

原味酸奶………………………50g

牛奶………………………90mL

黄油（无盐）…………………80g

巧克力板………………1 块（50g）

【糖煮生姜】

生姜………2 片（净重 20g）

白砂糖………………………2 大匙

水………………………50mL

提前准备

· 与上文相同。

做法

❶　制作糖煮生姜。将生姜削皮后切末，和
白砂糖、水一起放入小锅内，小火收汁后放
凉（a）。

❷　粉类过筛放入碗内，放入蔗糖，用打蛋
器转圈搅拌，依次倒入打散的蛋液⇒酸奶和
牛奶，每次都粗略搅拌。

❸　倒入熔化黄油，用打蛋器转圈搅拌，搅
拌至略微残留干面粉，放入❶的生姜、切碎
的巧克力，搅拌至顺滑。

❹　蛋糕糊舀入模具中，舀至八分满，放入
190℃ 的烤箱中，烘烤 18~20 分钟。

a

6. 柠檬棉花糖玛芬 熔化黄油

材料（直径 7cm 的玛芬模 6 个份）

| 低筋面粉…140g | 白砂糖…110g |

泡打粉…………………………1 小匙
鸡蛋…2 个　　　　原味酸奶…100g
黄油（无盐）……………………50g
棉花糖…………小的 36 个（20g）

【柠檬奶油】
鸡蛋…1 个　　　　柠檬汁…50mL
白砂糖…………………………50g
玉米淀粉………………………1 小匙
黄油（无盐）……………………10g

提前准备

· 鸡蛋室温静置回温。
· 蛋糕糊用的黄油放入微波炉
　（600W）加热 30 秒熔化，散热。
· 模具内放入纸托。
· 烤箱提前预热到 190℃。

做法

❶ 制作柠檬奶油。小锅内放入白砂糖和玉米淀粉，依次倒入打散的蛋液、柠檬汁，用打蛋器搅拌，一边搅拌一边用小火煮至黏稠，离火后放入黄油熔化。过滤后倒入方盘中铺开，表面覆上保鲜膜（a），放入冰箱冷冻 10 分钟。

❷ 碗内放入粉类，用打蛋器转圈搅拌，依次倒入打散的蛋液⇒酸奶，每次都粗略搅拌。

❸ 倒入熔化黄油，用打蛋器转圈搅拌至没有干面粉。

❹ 蛋糕糊舀入模具中，舀至八分满，倒入❶中的柠檬奶油，用汤匙从底部搅拌 1 次（b），放入 190℃ 的烤箱中，烘烤约 12 分钟。取出后每个蛋糕放上 6 个棉花糖压好（注意避免烫伤），继续烘烤 5~6 分钟。

---

7. 芒果干玛芬 熔化黄油

材料（直径 7cm 的玛芬模 6-7 个份）

| 低筋面粉…140g | 蔗糖…110g |

泡打粉…………………………1 小匙
鸡蛋……………………………2 个
原味酸奶……………………150g
芒果干…………………………60g
黄油（无盐）……………………50g

提前准备

· 与上文相同（不用纸托）。
· 将芒果切成 5mm 见方的小块，放入酸奶中搅拌，静置 15 分钟（a）。
· 模具内铺上裁好的油纸。

做法

❶ 碗内放入粉类，用打蛋器转圈搅拌，依次放入打散的蛋液⇒酸奶 + 芒果，每次都粗略搅拌。

❷ 倒入熔化黄油，用打蛋器转圈搅拌至没有干面粉。

❸ 蛋糕糊舀入模具中，舀至八分满，放入 190℃ 的烤箱中，烘烤 18~20 分钟。

* 关键在于铺上大一点的油纸，倒入多一点的蛋糕糊。倒入纸托的话，可以做出 7 个玛芬。

8. 摩卡咖啡奥利奥玛芬 熔化黄油

材料（直径7cm的玛芬模6个份）
| 低筋面粉·················· 140g
| 蔗糖······················ 110g
| 泡打粉···················· 1小匙
鸡蛋······················· 2个
原味酸奶··················· 100g
黄油（无盐）··············· 50g
奥利奥饼干················· 6组

【摩卡咖啡泥】
速溶咖啡··················· 1小匙
可可粉····················· 1小匙
肉桂粉····················· 1/3小匙
热水······················· 2小匙

提前准备
· 鸡蛋室温静置回温。
· 黄油用微波炉（600W）加热30秒熔化，散热。
· 将制作摩卡咖啡泥的材料，用汤匙搅拌均匀。
· 模具内放入纸托。
· 烤箱提前预热到190℃。

做法

❶ 碗内放入粉类，用打蛋器转圈搅拌，依次倒入打散的蛋液⇒酸奶，每次都粗略搅拌。

❷ 倒入熔化黄油，用打蛋器转圈搅拌，搅拌至略微残留干面粉的状态，倒入摩卡咖啡泥，搅拌至顺滑。

❸ 蛋糕糊舀入模具中，舀至八分满，每个蛋糕上放1组奥利奥饼干，放入190℃的烤箱中，烘烤18~20分钟。

*蛋糕糊中放入巧克力碎搅拌，或者放上其他巧克力饼干、手指饼干烘烤，味道更好。

容器内放入速溶咖啡、可可粉、肉桂粉搅匀，倒入热水，用汤匙或者小刮刀搅拌均匀，静置，待其变成泥状。

将蛋糕糊舀入模具，每个蛋糕上放1组掰成2~4块的奥利奥饼干。也可以不掰碎，直接放上1组完整的饼干，又是另一番模样了。

9.
红茶橘皮酱玛芬

一定要选择香气浓郁的格雷伯爵红茶。放入
茶叶的蛋糕糊容易变干，加入的橘皮酱能让
蛋糕变得绵润美味。也可以用覆盆子酱制作
这款玛芬。

做法⇒p36

10.
西柚玛芬

放入西柚汁能让玛芬变得软嫩绵润。为了烤出漂亮的粉色，要使用白砂糖。

做法⇒p37

11.
南瓜玛芬

略带酸味的奶酪奶油霜凸显了南瓜的香甜。如果没有奶油霜，就要多放入1~2小匙砂糖。

做法⇒p37

12.
烤奶酪蛋糕

烘烤后用锡纸包裹焖一会儿，做出类似隔水蒸烤般绵润的口感。蛋糕糊里放入了香草豆荚，如果没有，也可以放入少量柠檬皮碎。

做法⇒p38

13.
舒芙蕾奶酪蛋糕

用蛋白霜制作松软的蛋糕糊，隔水蒸烤做出绵润的口感。刚烤好的蛋糕松软可口，放入冰箱冷藏后食用也很美味。

做法⇒p38

14.
巧克力蛋糕

1人份的小巧克力蛋糕。建议用制作甜点的巧克力，可可脂含量要在60%以上，这样的巧克力味道更浓郁。我非常喜欢这种浓厚的巧克力蛋糕。

做法⇒p39

15.
切达苹果派玛芬

放入美国人爱吃的切达奶酪，做出香甜苹果
派的感觉。最后将切成大块的苹果放在少量
面糊上。也可以用卡芒贝尔奶酪、布里奶酪、
披萨用奶酪制作这款玛芬，味道也很好。

做法⇒p40

16.
抹茶覆盆子玛芬

在法国颇受欢迎的抹茶蛋糕，非常适合搭配较酸的覆盆子。也是甜点店的经典组合。放入红豆的抹茶玛芬也很受欢迎。

做法⇒p41

17.
黄桃酸奶油玛芬

酸奶油带有类似奶酪蛋糕的味道。用菠萝、芒果、蓝莓制作，放上迷迭香烘烤，味道也很好。

做法⇒p41

9. 红茶橘皮酱玛芬 淡奶油

材料（直径 7cm 的玛芬模 6 个份）

低筋面粉	150g
蔗糖	120g
泡打粉	1 小匙
鸡蛋	2 个
淡奶油	140mL
红茶叶（茶包）	1 袋（2g）
水	50mL
红茶叶（茶包）	1 袋（2g）
橘皮酱	3 大匙
装饰用淡奶油、蔗糖	各适量

提前准备

· 鸡蛋室温静置回温。

· 模具内放入纸托。

· 烤箱提前预热到 190℃。

做法

❶ 小锅内放入红茶叶、水，大火加热，沸腾后倒入淡奶油再次煮沸，放凉后用茶筛过滤。

❷ 碗内放入粉类，用打蛋器转圈搅拌，依次放入打散的蛋液⇒❶的红茶液 + 淡奶油⇒红茶叶，每次都转圈搅拌。

❸ 蛋糕糊舀入模具中，舀至八分满，再舀入 1/2 大匙橘皮酱，放入 190℃的烤箱中，烘烤 18~20 分钟。放凉，佐食放入蔗糖打发的淡奶油。

＊除了橘皮酱，用覆盆子酱或者苹果酱制作，味道也很好。

小锅内放入茶包中的茶叶，倒入水，大火加热，沸腾后倒入淡奶油再次煮沸，煮出红茶的香气后放凉。之后用茶筛过滤出茶叶，只留红茶液备用。

将蛋糕糊舀入模具中，再舀入 1/2 大匙橘皮酱，然后烘烤。多放一些橘皮酱，味道更好。橘皮酱烘烤时会下沉，这是正常现象。

10. 西柚玛芬 奶油奶酪

材料（直径 7cm 的玛芬模 6 个份）

| 低筋面粉·····················100g
| 泡打粉·····················1 小匙
奶油奶酪·····················120g
白砂糖·························90g
鸡蛋·····························2 个
装饰用奶油奶酪·················30g

【糖渍西柚】

粉色西柚······ 1 个（净重 160g）
白砂糖·····················1½ 大匙
蜂蜜·······················1½ 大匙

提前准备

·将 120g 奶油奶酪和鸡蛋室温静置回
 温。
·模具内放入纸托。
·烤箱提前预热到 190℃。

做法

❶ 制作糖渍西柚。西柚去蒂去底，用刀子纵向削皮，沿着每瓣的薄皮切 V 字，取出果肉（a）。放入白砂糖和蜂蜜，粗略搅拌。

❷ 碗内放入软化的奶油奶酪、白砂糖，用打蛋器搅拌均匀，分 2 次倒入打散的蛋液，每次都转圈搅拌。

❸ 一半粉类过筛放入，用打蛋器粗略搅拌，依次放入❶的西柚（保留 6 瓣）⇒剩余的粉类（过筛放入），每次都用橡皮刮刀搅拌均匀。

❹ 蛋糕糊舀入模具中，舀至八分满，放上撕成 1cm 见方小块的奶油奶酪、1 瓣西柚，放入 190℃的烤箱中，烘烤 18~20 分钟。

11. 南瓜玛芬 奶油奶酪

材料（直径 7cm 的玛芬模 6 个份）

| 低筋面粉·····················100g
| 泡打粉·····················1 小匙
奶油奶酪·····················120g
蔗糖···························90g
鸡蛋·····························2 个
南瓜··· 约 1/10 个（净重 100g）

【奶酪奶油霜】

奶油奶酪·····················50g
糖粉···························30g
黄油（无盐）·················30g

提前准备

·与上文相同。

做法

❶ 南瓜去种去皮，切成 5cm 见方的小块，撒上 1 大匙水（分量以外），盖上保鲜膜，用微波炉（600W）加热 3 分钟，用叉子捣碎（a）。

❷ 蛋糕糊的做法和上文相同。用全部南瓜代替西柚放入蛋糕糊中。

❸ 蛋糕糊舀入模具中，舀至八分满，放入190℃的烤箱中，烘烤 18~20 分钟。碗中依次放入室温回软的奶油奶酪、糖粉、室温回软的黄油，用小打蛋器搅拌做成奶油霜（b），涂抹在放凉的蛋糕上。

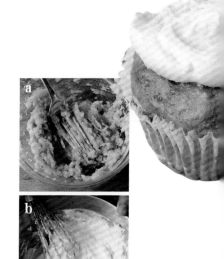

12. 烤奶酪蛋糕 （杯子蛋糕）

材料（直径 6cm 的纸杯模 6 个份）

奶油奶酪·······················200g
酸奶油·························100g
白砂糖··························60g
鸡蛋····························1 个
蛋黄····························1 个
玉米淀粉（或者低筋面粉）
································10g
香草豆荚（可选）········· 1/3 根

提前准备

· 奶油奶酪、鸡蛋、蛋黄室温静置回
  温。
· 烤箱提前预热到 180℃。

做法

❶ 碗内放入软化的奶油奶酪、酸奶油、白
砂糖、香草豆荚（纵向对半切开，取出香草籽，
和豆荚一起使用），用打蛋器搅拌至顺滑。

❷ 依次放入鸡蛋和蛋黄⇒玉米淀粉，每次
都用打蛋器转圈搅拌，取出香草豆荚。

❸ 蛋糕糊舀入模具中，舀至七分满，放入
180℃的烤箱中，烘烤 15~18 分钟。放在方
盘内，用锡纸包裹蛋糕焖一会儿（a），散热
后放入冰箱冷藏一晚再食用。

13. 舒芙蕾奶酪蛋糕 （杯子蛋糕）

材料（直径 6cm 的纸杯模 4 个份）

奶油奶酪·······················100g
黄油（无盐）····················20g
白砂糖··························15g
蛋黄····························1 个
牛奶··························2 大匙
柠檬汁························1/2 大匙
柠檬皮碎（使用未打蜡的柠檬）
································少量
低筋面粉······················2½ 大匙
┃蛋白·····················1 个的量
┃白砂糖·······················20g

提前准备

· 奶油奶酪和黄油室温静置回温。
· 烤箱提前预热到 180℃。

做法

❶ 碗内放入软化奶油奶酪和黄油、白砂糖，
用打蛋器搅拌至顺滑。

❷ 依次放入蛋黄和牛奶⇒柠檬汁和柠檬皮
碎⇒粉类（过筛放入），每次都用打蛋器转
圈搅拌。

❸ 另取一碗放入蛋白，用电动打蛋器高速
打发，打发至颜色发白后放入白砂糖，提起
打蛋器时有小角立起，蛋白霜就做好了（参
考右页 b）。将一半的蛋白霜放入❷中，用
打蛋器转圈搅拌，放入剩余的蛋白霜，用橡
皮刮刀切拌均匀（a）。

❹ 蛋糕糊舀入模具中，舀至七分满，放入
方盘内，再放在烤盘上，将热水倒入烤盘中
（b、注意飞溅），放入 180℃的烤箱中，烘
烤约 20 分钟。食用时用茶筛撒上糖粉（分量
以外）。

14. 巧克力蛋糕 杯子蛋糕

材料（直径 7cm 的纸杯模 5 个份）

制作甜点用巧克力（苦巧克力）
.... 120g
黄油（无盐）.......... 80g
白砂糖.............. 60g
鸡蛋................ 2 个
低筋面粉............. 2½ 大匙
金万利力娇酒（也可以换成朗姆
  酒或者白兰地）* ..... 2 小匙
* 白兰地酒放入橙皮、香气浓郁的力娇酒。

提前准备

· 烤箱提前预热到 180℃。

做法

❶ 碗内放入切碎的巧克力、黄油，一边隔水加热（平底锅内倒入 3cm 深的热水，明火加热，碗底放在锅上），一边搅拌熔化（a），散热。

❷ 另取一碗，放入蛋黄、一半的白砂糖，用打蛋器搅拌至颜色略微发白。放入❶，搅拌均匀。

❸ 另取一碗放入蛋白，用电动打蛋器高速打发，打发至颜色发白后放入剩余的白砂糖，提起打蛋器时有小角立起，蛋白霜就做好了（b）。将 1/3 的蛋白霜放入❷中，用打蛋器转圈搅拌（c），放入剩余的蛋白霜，用橡皮刮刀切拌均匀（d）。粉类过筛放入，搅拌到没有干面粉，倒入金万利力娇酒搅拌均匀。

❹ 蛋糕糊舀入模具中，舀至八分满，放入 180℃ 的烤箱中，烘烤 18~20 分钟。放凉后，用茶筛将可可粉（分量以外）筛到表面。

15. 切达苹果派玛芬 `熔化黄油`

材料（直径7cm的玛芬模7个份）

低筋面粉	150g
蔗糖	100g
泡打粉	1小匙

鸡蛋·················· 2 个
原味酸奶·············· 70g
黄油（无盐）·········· 30g
苹果·········· 1 个（净重 150g）
切达奶酪·············· 40g

提前准备

· 鸡蛋室温静置回温。
· 黄油用微波炉（600W）加热 20 秒熔化，散热。
· 苹果削皮后切成 7 等份的瓣状，去核，为了方便加热，在表面纵向划 2 道刀痕。
· 奶酪撕碎。
· 模具内放入纸托。
· 烤箱提前预热到 190℃。

做法

❶　碗内放入粉类，用打蛋器转圈搅拌，依次倒入打散的蛋液⇒酸奶，每次都粗略搅拌。

❷　倒入熔化黄油，用打蛋器转圈搅拌，搅拌至略微残留干面粉，放入一半的奶酪，搅拌至顺滑。

❸　蛋糕糊舀入模具中，舀至七分满（蛋糕糊会膨胀，所以要舀入少量），放上 1 瓣苹果和剩余的奶酪，放入 190℃ 的烤箱中，烘烤 18~20 分钟。

＊也可以用撕碎的卡芒贝尔奶酪、布里奶酪、披萨用奶酪代替切达奶酪。放上核桃烘烤，味道更好。

＊将剩余的蛋糕糊，倒入纸杯模烘烤。

切达奶酪味道浓郁，是意大利硬质奶酪的代表。放在味道略淡的玛芬蛋糕糊上烘烤，同样美味。

每个蛋糕上放 1 瓣苹果，将奶酪撕碎撒在表面。建议烘烤前再撒上 1 小撮蔗糖。

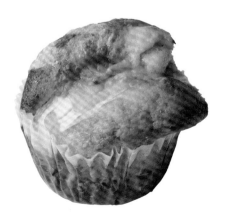

16. 抹茶覆盆子玛芬 经典

材料（直径7cm的玛芬模6个份）

低筋面粉·······················250g
泡打粉·························1小匙
黄油（无盐）···················100g
蔗糖···························110g
鸡蛋·····························2个
牛奶·························100mL
抹茶···························2大匙
水·····························2大匙
覆盆子（冷冻）···············36颗

提前准备

· 黄油和鸡蛋室温静置回温。
· 抹茶用水溶解。
· 模具内放入纸托。
· 烤箱提前预热到190℃。

做法

❶ 碗内放入软化的黄油、蔗糖，用打蛋器搅拌，分2次倒入打散的蛋液，每次都转圈搅拌。

❷ 依次放入一半的粉类（过筛放入）⇒牛奶，每次都用打蛋器粗略搅拌，剩余的粉类过筛放入，用橡皮刮刀搅拌均匀。搅拌至略微残留干面粉，倒入抹茶+水，搅拌均匀。

❸ 蛋糕糊舀入模具中，舀至八分满，每个蛋糕放6颗冷冻覆盆子压好（a、其中3颗覆盆子已经压入蛋糕糊中），放入190℃的烤箱中，烘烤18~20分钟。

17. 黄桃酸奶油玛芬 经典

材料（直径7cm的玛芬模6个份）

低筋面粉·······················125g
泡打粉·······················1/2小匙
黄油（无盐）····················50g
蔗糖····························55g
鸡蛋·····························1个
牛奶·························2大匙
黄桃（罐装）·······3块（100g）
酸奶油··························50g

提前准备

· 与上文相同（不用抹茶粉）。
· 黄桃切成2cm见方的小块，放在厨房纸上吸干汁液。

做法

❶ 碗内放入软化的黄油、蔗糖，用打蛋器搅拌，分2次倒入打散的蛋液，每次都转圈搅拌。

❷ 依次放入一半的粉类（过筛放入）⇒牛奶，每次都用打蛋器粗略搅拌，剩余的粉类过筛放入，用橡皮刮刀搅拌均匀。搅拌至略微残留干面粉，放入黄桃，搅拌均匀。

❸ 蛋糕糊舀入模具中，舀至八分满，用小汤匙将酸奶油舀在蛋糕糊表面3~4个位置上（a），放入190℃的烤箱中，烘烤18~20分钟。

18.
焦糖奶油玛芬

关键在于不要将焦糖烧煳。如果把焦糖混入
蛋糕糊中搅拌，味道不明显；从上面淋入焦
糖，能更强地感受到焦糖的味道。也可以放
入苹果、洋梨、香蕉等。

做法⇒p46

19.
林茨玛芬

凸显坚果、肉桂、覆盆子的味道，这款玛芬
带有奥地利传统甜点林茨蛋糕的风格。无花
果干充分吸收了红葡萄酒的香气，口感软糯，
非常好吃。

做法⇒p46

20.
牛油果枫糖玛芬

奶油奶酪蛋糕糊中放入牛油果，做出绵润浓郁的口感。可以搭配越南的冰沙、意大利的果子露。绿色的蛋糕看起来非常清爽。

做法⇒p47

21.
坚果布朗尼

这款蛋糕使用了较少的粉类和较多的巧克力，
味道浓郁。烤好的蛋糕里面还是绵润的半生
状态。也可以用香蕉代替坚果制作。

做法⇒p47

22.
柠檬蛋糕

打发鸡蛋制作而成的松软杯子蛋糕。不论
是蛋糕还是糖霜都充满了柠檬的清香。

做法⇒p48

23.
朗姆酒渍葡萄干
黄油奶油蛋糕

蛋糕上的黄油奶油飘散着朗姆酒香，如西点般诱人的蛋糕。奶油中加入的朗姆酒可以用朗姆酒渍葡萄干的腌渍汁代替。

做法⇒p48

18. 焦糖奶油玛芬 淡奶油

材料（直径 7cm 的玛芬模 6 个份）

低筋面粉	150g
蔗糖	40g
泡打粉	1 小匙
鸡蛋	2 个
朗姆酒	1 大匙
杏仁片	20g

【焦糖奶油】

白砂糖	150g
水	1½ 大匙
淡奶油	200mL

提前准备

· 鸡蛋室温静置回温。

· 模具内放入纸托。

· 烤箱提前预热到 190℃。

做法

❶ 制作焦糖奶油。小锅内放入白砂糖和水，中火加热，待边缘变成茶褐色后，晃动锅直至整体变成酱油色（a），倒入淡奶油再次煮沸（b）。取出 2 大匙，剩余倒入碗内散热，倒入蛋液和朗姆酒，用打蛋器搅拌。

❷ 碗内放入粉类，用打蛋器转圈搅拌，倒入❶的焦糖奶油 + 蛋液 + 朗姆酒，转圈搅拌。

❸ 蛋糕糊舀入模具中，舀至八分满，再舀入 1 小匙剩余的❶，从底部搅拌 1 次（c），放上杏仁片，放入 190℃的烤箱中，烘烤18~20 分钟。

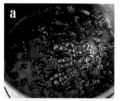

19. 林茨玛芬 淡奶油

材料（直径 7cm 的玛芬模 6~7 个份）

低筋面粉	150g
蔗糖	120g
泡打粉	1 小匙
鸡蛋	2 个
淡奶油	140mL

【煮无花果】

无花果干	50g
红葡萄酒	2 大匙
覆盆子酱	1 大匙
肉桂粉	1/4 小匙

【杏仁酥粒】

杏仁（整个）、蔗糖、低筋面粉、黄油（无盐）	各 20g
肉桂粉	1/4 小匙

提前准备

· 与上文相同。

· 鸡蛋室温静置回温，和淡奶油一起搅拌。

· 黄油切成 1cm 见方的小块，放入冰箱冷藏。

做法

❶ 无花果切成 7mm 见方的小块，淋入红葡萄酒，盖上保鲜膜，用微波炉（600W）加热 1 分钟（a），放入果酱和肉桂粉搅拌。

❷ 制作杏仁酥粒。碗内放入切碎的杏仁、蔗糖、粉类、肉桂粉，用手搅拌，放入冰凉的黄油，一边用手指捏碎黄油，一边揉搓成大块的酥粒状（b），放入冰箱冷冻 15 分钟。

❸ 蛋糕糊的做法与上文相同。用蛋液 + 淡奶油代替焦糖奶油 + 蛋液即可，舀入模具至七分满，放上❶的无花果和❷的酥粒，放入190℃的烤箱中，烘烤约 20 分钟。

20. 牛油果枫糖玛芬 奶油奶酪

材料（直径 7cm 的玛芬模 6 个份）

低筋面粉	100g
泡打粉	1 小匙
奶油奶酪	120g
蔗糖	30g
鸡蛋	2 个
牛奶	50mL
牛油果	1/2 个（净重 80g）
柠檬汁	1 小匙
枫糖浆	4 小匙

提前准备

· 奶油奶酪和鸡蛋室温静置回温。
· 牛油果用刀纵向切一圈，扭开分成
  两半（a），用刀尖插出果核（b），
  剥皮。
· 模具内放入纸托。
· 烤箱提前预热到 190℃。

做法

❶ 碗内放入软化的奶油奶酪、牛油果、柠檬汁、蔗糖，用打蛋器搅拌，依次放入枫糖浆⇒打散的蛋液（分 2 次倒入），每次都转圈搅拌。

❷ 依次放入一半的粉类(过筛放入)⇒牛奶，每次都用打蛋器粗略搅拌，剩余的粉类过筛放入，用橡皮刮刀搅拌均匀。

❸ 蛋糕糊舀入模具中，舀至八分满，放入190℃的烤箱中，烘烤 18~20 分钟。

---

21. 坚果布朗尼 杯子蛋糕

材料（直径 7cm 的纸杯模 6 个份）

制作甜点用巧克力（苦巧克力）	100g
黄油（无盐）	100g
白砂糖	80g
鸡蛋	2 个
低筋面粉	80g
可可粉	10g
核桃	60g

提前准备

· 平底锅内放入核桃，中火炒香，切碎。
· 烤箱提前预热到 180℃。

做法

❶ 碗内放入切碎的巧克力、黄油，一边隔水加热（平底锅内倒入 3cm 深的热水，明火加热，碗底放在锅上），一边搅拌熔化，散热。

❷ 另取一碗放入蛋液和白砂糖，用打蛋器打发出细腻的气泡，搅拌至颜色发白（a）。放入❶，搅拌至顺滑。

❸ 粉类过筛放入，用打蛋器转圈搅拌至没有干面粉，放入 2/3 的核桃，用橡皮刮刀搅拌均匀。

❹ 蛋糕糊舀入模具中，舀至八分满，放上剩余的核桃，放入 180℃的烤箱中，烘烤12~15 分钟。

22. 柠檬蛋糕 杯子蛋糕

材料（直径 7cm 的纸杯模 4 个份）

低筋面粉·····················50g
白砂糖·······················40g
鸡蛋·························1 个
黄油（无盐）··················25g
柠檬汁····················1 大匙
柠檬皮碎（使用未打蜡的柠檬）
·························少量

【柠檬糖霜】

糖粉·························50g
柠檬汁····················1 小匙

提前准备

·烤箱提前预热到 190℃。

做法

❶ 碗内放入蛋液和白砂糖，隔水加热（碗底放在热水中），用电动打蛋器高速打发。加热到 50℃（插入手指测温，比洗澡水温度略高），撤下热水，打发至体积膨胀，最后低速打发 1 分钟，整理纹路。

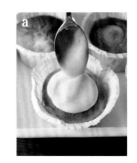

❷ 粉类过筛放入，用橡皮刮刀搅拌均匀，依次放入用微波炉（600W）加热 20 秒熔化的黄油（趁热）⇒柠檬汁和柠檬皮碎，搅拌均匀。

❸ 蛋糕糊舀入模具中，舀至七分满，放入 190℃ 的烤箱中，烘烤 12~15 分钟。放凉，用汤匙涂抹搅匀的柠檬糖霜（a）。

---

23. 朗姆酒渍葡萄干黄油奶油蛋糕 杯子蛋糕

材料（直径 6cm 的纸杯模 4 个份）

低筋面粉·····················45g
蔗糖·························40g
鸡蛋·························1 个
黄油（无盐）··················25g
牛奶····················1/2 大匙

【朗姆酒渍葡萄干】

葡萄干·······················20g
朗姆酒····················2 大匙

【黄油奶油】

黄油（无盐）··················50g
蔗糖·························25g
淡奶油····················3 大匙
枫糖浆、朗姆酒·········各 1 小匙

提前准备

·将葡萄干放在朗姆酒中浸泡一晚，制作朗姆酒渍葡萄干（a）。
·烤箱提前预热到 190℃。

做法

❶ 蛋糕糊的做法与上文相同。用牛奶代替柠檬汁和柠檬皮碎即可，蛋糕糊舀入模具中，撒上朗姆酒渍葡萄干（保留 4 粒）烘烤。

❷ 制作黄油奶油。碗内放入室温软化的黄油、蔗糖，用打蛋器搅拌至松软，依次放入室温回温的淡奶油（分为 3 次放入）⇒枫糖浆和朗姆酒，每次都搅拌均匀（b）。蛋糕放凉后用汤匙舀上奶油，每个蛋糕上放 1 粒朗姆酒渍葡萄干。

碗

图片是直径23cm的不锈钢碗。过筛粉类时，直径20cm以上的碗使用更方便。也可以使用耐热玻璃材质的碗

专 栏
烘焙工具

玛芬是用1个碗就能制作的简单甜点。制作玛芬使用的都是身边常用的工具。只要想吃，就能立刻做出来，非常简单。如果没有玛芬模，也可以用纸杯模。

打蛋器

用来搅拌黄油、砂糖等材料，在碗内转圈搅拌粉类。不能太大或太小，与碗的尺寸相合的打蛋器使用起来更方便。

橡皮刮刀

放入粉类后，使用刮刀切拌均匀。巧克力隔水加热熔化，制作焦糖奶油时十分方便，最好选择耐热的硅胶材质。

电子秤

用于称量粉类、砂糖、黄油等材料。电子秤称重更精确方便。选择以1g为单位的电子秤就足够了。

电动打蛋器

制作杯子蛋糕时用于打发蛋液。选择可以调节高速、低速，价格实惠的就可以。制作舒芙蕾奶酪蛋糕、巧克力蛋糕、戚风蛋糕的蛋白霜时必不可少。

玛芬模

使用直径7cm(底部直径5.5cm)、高3cm的耐热特氟龙材质。铺上纸托(玻璃纸)，舀入蛋糕糊即可。如果没有，可以用尺寸大致相同的布丁模制作。

纸托（玻璃纸）

将纸托放入玛芬模，舀入蛋糕糊。使用底部直径5cm、高4cm的纸托，也可以铺入裁成正方形的油纸。

大量匙 / 小量匙

除了泡打粉，也可以用来称量少量的油或者牛奶。1大匙=15mL，1小匙=5mL。称量粉类时要多盛一些，再刮平；称量液体时要盛满。

纸杯模

用于制作杯子蛋糕。上图的"白色卷边玛芬杯"直径7cm（底部直径5cm）、高4cm。下图的"蓝白条纸杯"直径6cm（底部直径5cm）、高4.5cm。盛装的蛋糕糊量基本相同。

低筋面粉

建议使用没有异味，带有颗粒感，不过于软绵的面粉。我常用味道丰富的 dolche 低筋面粉。将分量的 20% 替换成全麦面粉，风味会产生变化，味道也很好。

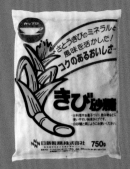

蔗糖

制作简单的甜点，建议使用香甜浓郁的蔗糖。也可以用等量的绵白糖、白砂糖制作。本书中，为了让蛋糕的颜色更透亮、味道更清新，使用了白砂糖。

烘焙材料

粉类、砂糖、黄油、鸡蛋、牛奶、酸奶……这些都是制作玛芬基础蛋糕糊的必需材料，也是基础材料。除此之外，还介绍了常用的材料。

黄油

使用四叶、明治、可尔必思等品牌的无盐黄油。也有用发酵黄油制作的甜点，香气更浓郁。有盐黄油盐味重，不适合制作甜点。

泡打粉

使用不含铝的泡打粉。1 小匙 =5g。开封后，膨胀作用会随着时间的推移而变差，应尽量使用新鲜的泡打粉。开封的泡打粉要放入冰箱冷藏保存。

牛奶

建议使用普通牛奶，不要用低脂牛奶、零脂牛奶。也可以用无添加的豆浆。也可以反过来，用牛奶代替无蛋植物油玛芬里的豆浆、植物油杯子蛋糕里的水。

酸奶

使用无糖的新鲜酸奶。因为增添了酸味，蛋糕的口感也会变得轻盈。上面漂浮的乳清会增加蛋糕糊里的水分，应撇除后使用。

鸡蛋

本书使用的是 M 号鸡蛋。净重50g（蛋黄 20g+ 蛋白 30g）为宜。即使大小相同，重量也会有差异，如果蛋糕糊做多了，可以倒入纸杯模烘烤。

油

使用味道较淡的菜籽油（芥花油）和无色透明的太白芝麻油，即使放置一段时间，油的香气也不会消散，味道更好。制作味道清淡的玛芬时，可以根据分量将一半油替换成橄榄油。用量匙称量时，1 大匙 =12g。

豆浆

建议使用无添加、味道纯净的豆浆。本书使用豆浆制作无蛋植物油玛芬，也可以换用牛奶制作。

淡奶油

使用乳脂含量 35% 以上的动物性淡奶油。比起植物性奶油，动物性奶油的味道更浓郁、口感更好。

枫糖浆

浅色枫糖浆价格昂贵、味道清爽，中深色枫糖浆味道浓厚。枫糖浆大多用于制作无蛋植物油玛芬，选择价格低的即可。

奶油奶酪

用于制作奶油奶酪玛芬、奶酪杯子蛋糕。使用方法和黄油一样，室温静置一会儿，软化后再用。

全麦粉

做甜点时，常选用低筋型全麦面粉，因为本书配方中用量很少，也可以用高筋型。能享受到粗糙的口感和面粉的清香。

巧克力

每块巧克力板（苦巧克力）为50g，白巧克力为40g。掰成小块后切碎，混入蛋糕糊中使用。想要凸显可可的味道，或者想要熔化后光泽度更好，就要选用制作甜点用巧克力。我经常用法芙娜的圭那亚巧克力（可可脂含量 70%）、可可百利的白巧克力。

玉米淀粉

用于制作卡仕达奶油、柠檬奶油、烤奶酪蛋糕。特点是比低筋面粉更入口即化。

玛芬蛋糕的酥粒

玛芬烤好后味道就很好，略加一些小装饰，味道就能更上一层楼。这里介绍用酥粒增添酥脆，巧克力增添香甜，糖霜增添浓郁的方法。

【酥粒】

一边用手指捏碎黄油，一边和粉类、砂糖揉搓在一起，做成大块的酥粒状。放入冰箱冷冻15分钟以上，凝固后再用。

原味酥粒

材料（玛芬6个份）

低筋面粉……………… 35g
蔗糖、黄油（无盐）… 各20g

做法

❶ 碗内放入粉类和砂糖用手揉搓，放入切成1cm见方小块状的冰凉黄油，用手指捏碎黄油并揉搓成酥粒，放入冰箱冷冻。放在蛋糕糊上，放入190℃的烤箱中，烘烤18~20分钟。

*原味酥粒适合放在添加蓝莓等水果的绵润玛芬上。

坚果酥粒

材料（玛芬6个份）

杏仁（整颗）、蔗糖、低筋面粉、黄油（无盐）……… 各20g

做法

❶ 碗内放入切碎的杏仁、蔗糖、粉类用手揉搓，放入切成1cm见方小块状的冰凉黄油，用手指捏碎黄油并揉搓成酥粒，放入冰箱冷冻。烘烤方法和左边相同。

*也可用核桃制作。坚果酥粒适合放在添加香蕉等水果，巧克力味的玛芬上。

燕麦酥粒

材料（玛芬6个份）

燕麦、蔗糖、低筋面粉、黄油（无盐）……………… 各20g

做法

❶ 碗内放入燕麦、蔗糖、粉类用手揉搓，放入切成1cm见方小块状的冰凉黄油，用手指捏碎黄油并揉搓成酥粒，放入冰箱冷冻。烘烤方法和上边相同。

*燕麦酥粒适合放在添加苹果等水果或者果干的玛芬上。

巧克力淋酱

材料（玛芬6个份）

制作甜点用巧克力（苦巧克力）……………… 70g
淡奶油……………… 2大匙

做法

❶ 耐热容器中倒入淡奶油，不盖保鲜膜，用微波炉（600W）加热20秒，放入切碎的巧克力熔化。用汤匙涂抹在放凉的玛芬上。

*剩余的巧克力，可以再隔水加热熔化。巧克力淋酱适合淋在香蕉、花生味的简单玛芬上。

Crumble & Icing

【糖霜】
糖霜的做法：小碗内放入糖粉，
倒入水，用汤匙搅拌均匀即可。

牛奶糖霜

材料（玛芬 6 个份）
糖粉·····················60g
加糖炼乳··············15g
牛奶······················1 小匙

做法
❶ 糖粉内加入炼乳和牛奶，用汤匙搅拌均匀。涂抹在放凉的玛芬上。

＊如果糖霜过硬，可以滴入牛奶，逐滴调整浓度。牛奶糖霜适合涂抹在柠檬等酸玛芬、简单玛芬上。

可可糖霜

材料（玛芬 6 个份）
糖粉·····················50g
可可粉··················1 小匙
热水······················2 小匙

做法
❶ 将可可粉溶在热水中，放入糖粉，用汤匙搅拌均匀。涂抹在放凉的玛芬上。

＊可可糖霜适合涂抹在香蕉、咖啡玛芬上。

白巧克力淋酱

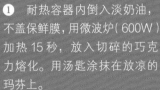

材料（玛芬 6 个份）
制作甜点用巧克力（白巧克力）·····················70g
淡奶油··················4 小匙

做法
❶ 耐热容器内倒入淡奶油，不盖保鲜膜，用微波炉（600W）加热 15 秒，放入切碎的巧克力熔化。用汤匙涂抹在放凉的玛芬上。

＊白巧克力淋酱适合涂抹在柠檬、覆盆子等酸玛芬上。

覆盆子糖霜

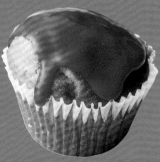
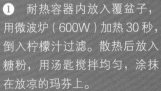

材料（玛芬 6 个份）
糖粉·····················50g
覆盆子（冷冻）········10g
柠檬汁··················1/2 小匙

做法
❶ 耐热容器内放入覆盆子，用微波炉（600W）加热 30 秒，倒入柠檬汁过滤。散热后放入糖粉，用汤匙搅拌均匀，涂抹在放凉的玛芬上。

＊覆盆子糖霜既可以涂抹在添加了水果的玛芬上，也可以涂抹在巧克力玛芬上。

杯子蛋糕的奶油

在单一味道的杯子蛋糕上添加各种味道的奶油。这里介绍了质地顺滑、方便使用的奶油的做法。奶油也能起到避免蛋糕干燥的作用。

炼乳奶油

材料（杯子蛋糕 4 个份）
淡奶油··················100mL
加糖炼乳··················1 大匙

做法
❶ 碗内倒入淡奶油，打发到有小角立起，倒入炼乳搅拌。装入带有星形花嘴的裱花袋中，挤在放凉的玛芬上。

草莓奶油

材料（杯子蛋糕 4 个份）
草莓··········5~6 个（80g）
　糖粉··················40g
　柠檬汁··················少量
吉利丁粉··················3g
淡奶油··················100mL

做法
❶ 将草莓切碎，放入糖粉和柠檬汁搅拌，放入吉利丁粉泡发，一边用打蛋器搅拌成泥状，一边隔水（参考 p39）加热熔化。放凉，放入打发的淡奶油搅拌，装入带有圆形花嘴的裱花袋中，挤在蛋糕上。

橙子黄油奶油

材料（杯子蛋糕 4 个份）
黄油（无盐）··················30g
橘皮酱··················30g
金万利力娇酒（可选）*
　··················少量

* 白兰地中放入橙皮，香气浓郁的力娇酒。

做法
❶ 碗内放入室温回软的黄油，放入橘皮酱和金万利力娇酒，用橡皮刮刀搅拌均匀。涂抹在放凉的蛋糕上。

棉花糖奶油

材料（杯子蛋糕 4 个份）
棉花糖··················50g
淡奶油··················100mL

做法
❶ 耐热容器内放入棉花糖和淡奶油，盖上保鲜膜，用微波炉（600W）加热 30 秒融化，散热后用打蛋器搅拌，放入冰箱冷藏一晚。略微搅拌后，装入带有星形花嘴的裱花袋中，挤在放凉的蛋糕上。

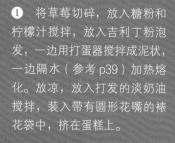

【焦糖奶油】

❶ 小锅内放入砂糖和水，中火加热，边缘变成茶褐色后晃动锅搅拌，变成焦糖色后关火，用余温加热成深焦糖色。
❷ 倒入淡奶油再次煮沸，倒入碗内放凉。

cream & frosting

焦糖黄油奶油

材料（杯子蛋糕 4 个份）

白砂糖······················· 50g
水·································· 1 大匙
淡奶油···················· 4 大匙
黄油（无盐）··············· 50g
糖粉····························· 1 小匙

做法

❶ 参考上文制作焦糖奶油，完全放凉。用橡皮刮刀搅拌室温回软的黄油和糖粉，放入奶油中搅拌，涂抹在放凉的蛋糕上。

奶酪奶油霜

材料（杯子蛋糕 4 个份）

奶油奶酪···················· 50g
糖粉·························· 30g
黄油（无盐）··············· 30g

做法

❶ 用汤匙搅拌室温回软的奶油奶酪和糖粉，放入室温回软的黄油搅拌。涂抹在放凉的蛋糕上。

蜂蜜奶油霜

材料（杯子蛋糕 4 个份）

奶油奶酪···················· 30g
蜂蜜·························· 30g
黄油（无盐）··············· 50g

做法

❶ 用汤匙搅拌室温回软的奶油奶酪、蜂蜜，放入室温回软的黄油搅拌。涂抹在放凉的蛋糕上。

花生酱奶油霜

材料（杯子蛋糕 4 个份）

奶油奶酪···················· 50g
糖粉·························· 20g
花生酱（微甜）············· 30g

做法

❶ 用汤匙搅拌室温回软的奶油奶酪、糖粉，放入花生酱搅拌。涂抹在放凉的蛋糕上。

奶油的涂抹方法和装饰方法

想将杯子蛋糕装饰成可爱的样子，这里介绍了方便记忆的技巧。只须用汤匙造型，或者用竹扦描画，对甜点初学者来说也非常简单。

【圆锥裱花袋的做法】

❶ 将油纸裁成宽 12cm× 长 20cm，从距离一角 2cm 处斜着剪开。将这一角折向下面的横线，压出折痕。
❷ 将一条边对齐折痕卷成锥形，另一条边也卷至折痕处。
❸ 最后将剩余的一端折进内侧。
❹ 装入焦糖奶油，折一下上部就能使用了。
*1 张方形油纸能做 2 个圆锥裱花袋。

用汤匙

淡奶油中放入砂糖打发至柔软，只须用汤匙舀在蛋糕上。打发的淡奶油较硬时，用汤匙背面拍打淡奶油，就能做出刺猬的模样。

用圆锥裱花袋

将油纸裁好做成圆锥裱花袋，装入焦糖奶油（p55），尖端剪小口，在蛋糕上描细线。也可以装入熔化的巧克力或糖霜，挤在打发的淡奶油上做装饰。

用裱花袋

将淡奶油打发到有小角立起，装入带有星形花嘴的裱花袋，在蛋糕上挤一圈奶油。图片是草莓奶油（p54）。

用竹扦

在较硬的打发淡奶油上放熔化的巧克力，用竹扦画出大理石模样。换用焦糖奶油、果肉较少的果酱，也非常可爱。

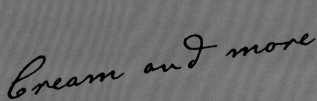

Cream and more

❶ 蛋糕上盛放淡奶油，用汤匙将熔化的巧克力舀在 4 个地方。
❷ 用竹扦画几次 8 字，转圈画出大理石的模样。

第3章

用植物油制作 /

玛芬和杯子蛋糕

只须转圈搅拌粉类和植物油，做法简单，没有杂味，适合搭配各种食材。放入香气和口感俱佳的食材，蛋糕会更加美味。

Oil

1

基础的有蛋植物油玛芬

蛋糕糊内倒入蛋液和酸奶，即使不使用黄油，也能做出带有牛奶般浓郁味道的蛋糕。油分较少，口感轻盈，没有油腻感。

材料（直径 7cm 的玛芬模 6 个份）

低筋面粉⋯⋯⋯⋯⋯⋯⋯⋯⋯	140g
蔗糖⋯⋯⋯⋯⋯⋯⋯⋯⋯⋯	80g
泡打粉⋯⋯⋯⋯⋯⋯⋯⋯	1 小匙
鸡蛋⋯⋯⋯⋯⋯⋯⋯⋯⋯	2 个
原味酸奶⋯⋯⋯⋯⋯⋯⋯	80g
菜籽油（或者太白芝麻油）⋯ 2 大匙	

提前准备

· 鸡蛋室温静置回温。

· 模具内放入纸托。

· 烤箱提前预热到 190℃。

❶ 搅拌粉类

碗内放入粉类，用打蛋器转圈搅拌。

＊因为省去了过筛，所以要用力搅拌至混入大量空气，粉类变得蓬松。

❷ 搅拌蛋液、酸奶、油

在打散的蛋液内倒入酸奶和油，用叉子转圈搅拌使其乳化。

搅拌至黏稠，油花变得细腻即可。

＊这里使材料乳化，油花也会变得细腻，蛋糕糊便更容易融合在一起。

❸ 混合

将蛋液＋酸奶＋油全部倒入粉类中央。

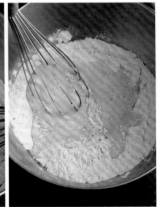

用打蛋器从粉类内侧开始转圈一点点搅拌。

→　→　→

④ 烘烤

搅拌到没有干面粉，混合均匀后，蛋糕糊就做好了。

用汤匙将蛋糕糊舀入模具中，舀至八分满。

放入 190℃ 的烤箱中，烘烤 18~20 分钟，烤出焦黄色。

脱模（注意避免烫伤），连同纸托一起放在蛋糕架上放凉。

Check!

关于植物油

建议使用没有杂味的菜籽油（芥花油）、无色透明的太白芝麻油。制作味道清淡的玛芬时，可以根据分量将一半油替换成橄榄油。普通的芝麻油，味道过于强烈，不建议使用。

2

基础的无蛋植物油玛芬

用较多的枫糖浆增添香味，凸显粉类的美味。也可以用牛奶代替豆浆制作。刚烤好的蛋糕味道最好，如果蛋糕凉了，可以放入烤箱再次加热食用。

材料（直径 7cm 的玛芬模 6 个份）

低筋面粉	220g
蔗糖	1 大匙
泡打粉	1½ 小匙

豆浆（无添加）……………120mL
枫糖浆………………………4½ 大匙
菜籽油（或者太白芝麻油）…5 大匙

提前准备

· 模具内放入纸托。
· 烤箱提前预热到 190℃。

❶ 粉类过筛放入

将粉类过筛放入碗中。

* 粉类较多时容易结块，关键在于充分过筛。

❷ 搅拌豆浆、枫糖浆、油

容器内倒入豆浆、枫糖浆、油，用叉子转圈搅拌使其乳化。

搅拌至黏稠，油花变得细腻即可。

* 这一步要使材料乳化，油花也会变得细腻，蛋糕糊便更容易融合在一起。

❸ 混合

将豆浆＋枫糖浆＋油全部倒入粉类中央。

用打蛋器从粉类内侧开始转圈一点点搅拌。

基本融合后，切拌至没有干面粉。

❹ 烘烤

用汤匙将蛋糕糊舀入模具中，舀至八分满。

放入190℃的烤箱中，烘烤 18~20 分钟，烤出焦黄色。脱模（注意避免烫伤），放凉。

3

基础的植物油杯子蛋糕

用油较少，比黄油制作的蛋糕健康。蛋糕糊内倒入水，做出松软轻盈的口感。用牛奶代替水，就能品尝到牛奶般的美味。将淡奶油和蜂蜜一起淋在蛋糕上，淋上枫糖浆也非常可口。

材料（直径 6cm 的纸杯模 4 个份） *

低筋面粉··················· 50g
蔗糖······················· 40g
鸡蛋······················· 1 个
菜籽油（或者太白芝麻油）
························· 1½ 大匙
水························· 1½ 大匙
装饰用的淡奶油、蔗糖、蜂蜜
····················· 各适量

* 也可以成倍制作。
温度和烘烤时间不变。

提前准备

· 烤箱提前预热到 190℃。

❶ 打发蛋液

碗内放入蛋液和蔗糖，隔水加热（碗底放在热水上），用电动打蛋器高速打发。

加热到约 50℃（插入手指测温，比洗澡水温度略高），撤下热水，充分打发至蓬松。

提起打蛋器时，蛋液呈缎带状落下并堆积即可。最后低速打发约 1 分钟，整理纹路。

❷ 放入粉类

粉类过筛放入。

用橡皮刮刀切拌，搅拌至没有干面粉。

❸ 依次放入油⇒水

倒入油，用橡皮刮刀轻轻切拌搅匀。

倒入水，用橡皮刮刀搅拌均匀。

* 搅拌到蛋糕糊有光泽、质地顺滑即可。

❹ 烘烤

用汤匙将蛋糕糊舀入模具中，舀至七分满，放入 190℃ 的烤箱中，烘烤 12~15 分钟，烤出焦黄色。放凉，用汤匙将打发的淡奶油、蜂蜜舀在蛋糕上。

1.
黄豆粉玛芬

黄豆粉香气独特、味道浓郁，放入蛋糕糊中
和豆浆、枫糖浆融合，就能烤出美味的蛋糕。
这款玛芬豆香浓郁，味道朴实。

做法⇒p68

2.
花生酱玛芬

蛋糕糊中放入花生酱，再放上混入杏仁粉的
酥粒，做出香酥轻盈的口感。里面填入覆盆
子酱，吃起来味道更好。

做法⇒p68

3.
苹果核桃玛芬

使用大量新鲜的苹果，放入核桃，享受别样的口感。因为含糖量少，非常适合当早餐。

做法⇒p69

4.
西梅玛芬

将果干倒入蛋糕糊中，做出黑糖般独特的口感。蔗糖带有淡淡的茶褐色，味道和酸奶糖霜的酸味相辅相乘。

做法⇒p70

5.
果酱甜甜圈玛芬

撒上一圈白砂糖，不论外观还是味道都像极了甜甜圈！用橘皮酱、红豆沙、蓝莓等代替果酱，味道也很好。

做法⇒p71

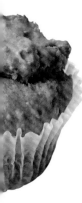

1. 黄豆粉玛芬 无蛋

材料（直径 7cm 的玛芬模 6 个份）

低筋面粉	150g
黄豆粉	70g
蔗糖	1 大匙
泡打粉	1½ 小匙
豆浆（无添加）	150mL
枫糖浆	4½ 大匙
菜籽油	5 大匙

提前准备

· 将豆浆、枫糖浆、油搅拌均匀。

· 模具内放入纸托。

· 烤箱提前预热到 190℃。

做法

❶ 粉类过筛放入碗中，倒入豆浆 + 枫糖浆 + 油，用橡皮刮刀转圈搅拌，直至搅匀。

❷ 蛋糕糊舀入模具中，舀至八分满，放入 190℃的烤箱中，烘烤 18~20 分钟。

将黄豆磨成粉末做成黄豆粉，味道朴实，香甜浓郁。加入黄豆粉会让蛋糕糊变干，所以要多放一些豆浆。

2. 花生酱玛芬 无蛋

材料（直径 7cm 的玛芬模 6 个份）

低筋面粉	220g
蔗糖	1 大匙
泡打粉	1½ 小匙
豆浆（无添加）	130mL
枫糖浆	4½ 大匙
菜籽油	2 大匙
花生酱（微甜、有颗粒）	65g

【杏仁酥粒】

杏仁粉、低筋面粉、蔗糖… 各 20g

菜籽油 …… 1 大匙

提前准备

· 将豆浆、枫糖浆、油搅拌均匀。

· 模具内放入纸托。

· 烤箱提前预热到 190℃。

做法

❶ 制作杏仁酥粒。碗内放入材料，用手转圈搅拌，然后用手指揉搓成酥粒（a）。

❷ 粉类过筛放入另一个碗中，倒入豆浆 + 枫糖浆 + 油，用橡皮刮刀转圈搅拌。搅拌至略微残留干面粉后放入花生酱，搅拌均匀。

❸ 蛋糕糊舀入模具中，舀至八分满，放上❶的酥粒，放入 190℃的烤箱中，烘烤 18~20 分钟。

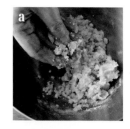

a

我经常使用"四季宝"花生酱。建议使用含有颗粒的花生酱，更能充分感受到花生的味道。

3.苹果核桃玛芬 无蛋

材料（直径 7cm 的玛芬模 6 个份）

低筋面粉	180g
全麦面粉（低筋型）	20g
蔗糖	1 大匙
肉桂粉	1/2 小匙
泡打粉	1⅓ 小匙
豆浆（无添加）	110mL
枫糖浆	4½ 大匙
菜籽油	5 大匙
苹果	1 个（净重 200g）
核桃	40g

提前准备

· 平底锅内放入核桃，中火炒熟，用
  手掰成两半。
· 苹果去核、削皮，切成 1.5cm 见方
  的小块。
· 将豆浆、枫糖浆、油搅拌均匀。
· 模具内放入纸托。
· 烤箱提前预热到 190℃。

做法

❶ 粉类过筛放入碗中，倒入豆浆＋枫糖浆
＋油，用橡皮刮刀转圈搅拌。搅拌至略微残
留干面粉，放入苹果、一半核桃，搅拌均匀。

❷ 蛋糕糊舀入模具中，舀至八分满，放
上剩余的核桃，放入 190℃的烤箱中，烘烤
18~20 分钟。

＊除了核桃，也可以用杏仁片、花生制作，放入用热水泡
软的葡萄干，味道也很好。推荐放上燕麦酥粒（p52）烘烤。
也可以放入煎苹果（p25）。

全麦面粉是将小麦连同胚芽
和麸皮一起磨制而成。口感
粗糙，麦香十足。因为用量
很少，也可以换用高筋型。

蛋糕糊做好后，放入苹果、
一半核桃，用橡皮刮刀搅拌
均匀。直接放入大块苹果，
味道更好。

4. 西梅玛芬 有蛋

材料（直径 7cm 的玛芬模 6 个份）

低筋面粉	130g
蔗糖	80g
泡打粉	1 小匙
鸡蛋	2 个
原味酸奶	90g
菜籽油	2 大匙
西梅干（去除果核）	50g

【酸奶糖霜】

糖粉	30g
蔗糖	20g
原味酸奶	2 小匙

提前准备

· 鸡蛋室温静置回温，和酸奶、油搅拌均匀。
· 将西梅切成 7~8mm 见方的小块（装饰在表面时，可以用热水泡软，沥干水分后使用）。
· 模具内放入纸托。
· 烤箱提前预热到 190℃。

做法

❶ 碗内放入粉类，用打蛋器转圈搅拌，倒入蛋液＋酸奶＋油，转圈搅拌。搅拌至略微残留干面粉，放入西梅，搅拌至顺滑。

❷ 蛋糕糊舀入模具中，舀至八分满，放入 190℃的烤箱中，烘烤 18~20 分钟。

❸ 制作酸奶糖霜。用汤匙搅拌蔗糖和酸奶，直至蔗糖溶解，一点点倒入糖粉搅拌均匀，待玛芬放凉后涂抹在表面。

＊除了西梅干，也可以用无花果干制作。如果无花果较硬，可以用热水泡软后放入。

酸奶糖霜的做法是先用汤匙搅拌砂糖和酸奶，让砂糖溶解，然后一点点倒入糖粉，搅拌成泥状。搅拌至黏稠的状态即可。

5. 果酱甜甜圈玛芬 `有蛋`

材料（直径 7cm 的玛芬模 6 个份）

低筋面粉	140g
蔗糖	80g
泡打粉	1 小匙
鸡蛋	2 个
原味酸奶	80g
菜籽油	2 大匙
草莓酱	2 大匙
装饰用白砂糖	1 大匙

提前准备

· 鸡蛋室温静置回温，取出 1 小匙蛋白备用，剩余的鸡蛋和酸奶、油混合。

· 模具内放入纸托。

· 烤箱提前预热到 190℃。

做法

❶ 碗内放入粉类，用打蛋器转圈搅拌，倒入蛋液 + 酸奶 + 油，转圈搅拌。

❷ 蛋糕糊舀入模具中，舀至八分满，将草莓酱（每个蛋糕 1 小匙）舀在 3 个地方，放入 190℃的烤箱中，烘烤约 10 分钟。取出后用刷子将蛋白刷在表面（注意避免烫伤），撒上 1/2 小匙白砂糖，然后继续烘烤 5~10 分钟。

＊除此之外，也可以用橘皮酱、蓝莓酱、红豆馅等喜欢的酱料。建议使用略酸的食材。

蛋糕糊舀入模具中，每个蛋糕上放 1 小匙果酱，分别舀在 3 个地方。如果放在 1 个地方容易沉入蛋糕糊中，要分几处放才行。

烘烤约 10 分钟，待表面变硬，从烤箱中取出，用刷子将蛋白刷在表面，撒上 1/2 小匙白砂糖。这样就像甜甜圈一样了。

6.
抹茶戚风蛋糕

很难烤好的戚风蛋糕也可以用纸杯模烘烤，绝对不会失败。模样小巧，口感松软绵润。

做法⇒p78

7.
香茶戚风蛋糕

香茶增添了香气，略带异国风情的戚风蛋糕。直接食用就很美味，添上奶油，更是别具风味。

做法⇒p78

8.
生姜牛奶面包

像面包一样的烘烤类甜点，在生姜面包的
面团中多倒入一些牛奶，用玛芬模烤出小
巧的样子。生姜辛辣的味道适合搭配放入
枫糖浆的淡奶油。

做法⇒p79

9.
黑糖椰蓉玛芬

将黑糖块大致切碎放入蛋糕糊中，重点在于残留的颗粒口感。上面撒上椰蓉，起到画龙点睛的作用。这个配方里放入了我非常喜欢的罐头菠萝。

做法⇒p79

10.
橙子蜂蜜玛芬

将蜜渍橙子连同汁液一起放入蛋糕糊中。
可以放入1/2个橙子的皮屑。放入迷迭香
或者百里香混合，用橄榄油代替一半的植
物油，味道也很好。

做法⇒p80

11.
胡萝卜蛋糕

加入胡萝卜泥做成的健康蛋糕。虽然我也喜欢
放入香料、葡萄干、核桃的配方，但有时也想
做简单的蛋糕。一定不能忘记在上面涂抹奶油
奶酪。

做法⇒p80

12.
卡仕达蛋糕

在松软的杯子蛋糕中填入卡仕达奶油酱。放入
柠檬奶油、淡奶油，味道也很好。上面即便不
装饰奶油，也非常美味。

做法⇒p81

6. 抹茶戚风蛋糕 [杯子蛋糕]

材料（直径 6cm 的纸杯模 6 个份）

低筋面粉	40g
抹茶	5g
白砂糖	60g
鸡蛋	2 个
菜籽油	40mL
水	25mL
装饰用淡奶油、蔗糖、抹茶	
	各适量

提前准备

· 烤箱提前预热到 180℃。

做法

❶ 碗内放入蛋黄、一半白砂糖，用打蛋器搅拌至颜色略微发白（a），依次放入油⇒水⇒粉类（过筛放入），每次都转圈搅拌均匀。

❷ 另取一碗放入蛋白，用电动打蛋器高速打发，打发到颜色发白，放入剩余的白砂糖，打发到有小角立起，做成蛋白霜（b）。取出一半放入❶中，用打蛋器转圈搅拌，放入剩余的蛋白霜，用橡皮刮刀切拌均匀（c）。

❸ 蛋糕糊舀入模具中，舀至八分满，放入 180℃的烤箱中，烘烤约 20 分钟。放凉后脱模，放上加入蔗糖打发的淡奶油、抹茶。

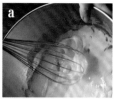
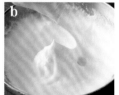
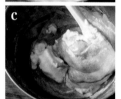

---

7. 香茶戚风蛋糕 [杯子蛋糕]

材料（直径 6cm 的纸杯模 6 个份）

低筋面粉	40g
香茶用混合香料	1 小匙 *
白砂糖	60g
鸡蛋	2 个
菜籽油	40mL
红茶叶（茶包）	1 袋（2g）
水	50mL
装饰用淡奶油、蔗糖、肉桂粉	
	各适量

* 也可以用生姜粉、肉桂粉、肉豆蔻粉、豆蔻粉各1/3 小匙代替。

提前准备

· 小锅内放入红茶叶、水，大火加热至沸腾，静置放凉。
· 用茶筛过滤，取 25mL 红茶液备用。
· 烤箱提前预热到 180℃。

做法

❶ 蛋糕糊的做法与上文相同。用红茶液代替水，用香料代替抹茶即可。放凉后脱模，放上加入蔗糖打发的淡奶油、肉桂粉。

香茶用混合香料由生姜粉、肉桂粉、豆蔻粉、丁香粉等混合而成，使用方便。如果含有砂糖，制作蛋糕糊时要少用 10g 砂糖。

8. 生姜牛奶面包 [杯子蛋糕]

材料（直径 7cm 的纸杯模 6 个份）

低筋面粉	120g
全麦粉（低筋型）	30g
蔗糖	100g
泡打粉	2/3 小匙
鸡蛋	1 个
牛奶	100mL
菜籽油	5 大匙

装饰用淡奶油、枫糖浆…各适量

【糖煮生姜】

生姜（净重）	60g
蔗糖	30g
水	100mL

提前准备

·鸡蛋室温回温，和牛奶、油搅拌均匀。
·烤箱提前预热到 190℃。

做法

❶ 生姜削皮后切碎，和蔗糖、水一起放入小锅内，小火煮 10 分钟收汁，放凉。

❷ 碗内放入粉类，用打蛋器转圈搅拌，倒入蛋液＋牛奶＋油，转圈搅拌。搅拌至略微残留干面粉，放入❶的生姜（a），搅拌至顺滑。

❸ 蛋糕糊舀入模具中，舀至八分满，放入 190℃的烤箱中，烘烤 18~20 分钟。放凉，佐食放入枫糖浆打发的淡奶油。

---

9. 黑糖椰蓉玛芬 [有蛋]

材料（直径 7cm 的玛芬模 6 个份）

低筋面粉	120g
泡打粉	1 小匙
黑糖（最好用糖块）	80g
鸡蛋	2 个
原味酸奶	80g
菜籽油	2 大匙
椰蓉	10g

提前准备

·与上文相同（用酸奶代替牛奶搅拌）。
·黑糖切碎（a）。
·模具内放入纸托。

做法

❶ 碗内依次放入粉类、黑糖，每次都用打蛋器转圈搅拌，倒入蛋液＋酸奶＋油，转圈搅拌。

❷ 蛋糕糊舀入模具中，舀至八分满，撒上椰蓉，放入 190℃的烤箱中，烘烤 18~20 分钟。

椰肉切碎即为椰蓉。和黑糖混合使用，享受南国风味。

10. 橙子蜂蜜玛芬 有蛋

材料（直径 7cm 的玛芬模 6 个份）

低筋面粉	125g
全麦粉（低筋型）	15g
蔗糖	70g
泡打粉	1 小匙
鸡蛋	2 个
原味酸奶	80g
菜籽油	2 大匙
橙子	1 个（净重 200g）
蜂蜜	1½ 大匙

提前准备

· 鸡蛋室温回温，和酸奶、油搅拌。
· 橙子参考西柚（p37）取出果肉，
　放入蜂蜜搅拌（a）。
· 模具内放入纸托。
· 烤箱提前预热到 190℃。

做法

❶　碗内放入粉类，用打蛋器转圈搅拌，倒入蛋液＋酸奶＋油，转圈搅拌。搅拌至略微残留干面粉，放入橙子（保留 6 瓣以及汁液），用橡皮刮刀搅拌均匀。

❷　蛋糕糊舀入模具中，舀至八分满，每个蛋糕放 1 瓣橙子、撕碎的迷迭香（新鲜、分量以外），放入 190℃ 的烤箱中，烘烤 18~20 分钟。

11. 胡萝卜蛋糕 杯子蛋糕

材料（直径 6cm 的纸杯模 5 个份）

低筋面粉	80g
蔗糖	50g
杏仁粉	20g
泡打粉	1 小匙
鸡蛋	1 个
菜籽油	4 大匙
胡萝卜	1 根（净重 100g）
【奶酪奶油霜】	
奶油奶酪	50g
糖粉	30g
黄油（无盐）	30g

提前准备

· 鸡蛋、奶油奶酪、黄油室温静置回温，蛋液中放入油、胡萝卜泥搅拌。
· 烤箱提前预热到 190℃。

做法

❶　碗内放入粉类，用打蛋器转圈搅拌，倒入蛋液＋油＋胡萝卜（a），转圈搅拌。

❷　蛋糕糊舀入模具中，舀至八分满，放入 190℃ 的烤箱中，烘烤 18~20 分钟。用小打蛋器或者汤匙将奶油奶酪、糖粉、黄油搅拌在一起，做成奶油霜，涂抹在放凉的蛋糕上。

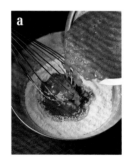

12. 卡仕达蛋糕 〔杯子蛋糕〕

材料（直径 6cm 的纸杯模 4 个份）

低筋面粉	50g
蔗糖	40g
鸡蛋	1 个
菜籽油	1½ 大匙
水	1½ 大匙

【卡仕达奶油】

蛋黄	1 个
牛奶	70mL
白砂糖	60g
玉米淀粉	1½ 大匙

香草豆荚（或者柠檬皮碎、朗姆酒）⋯⋯⋯⋯⋯⋯⋯⋯ 少量
装饰用淡奶油、蔗糖、草莓
⋯⋯⋯⋯⋯⋯⋯⋯ 各适量

提前准备

· 烤箱提前预热到 190℃。

做法

❶ 碗内放入蛋液和蔗糖，隔水加热（碗底放在热水上），用电动打蛋器高速打发。加热到 50℃（插入手指测温，比洗澡水温度略高），撤下热水，打发到体积膨胀，最后低速打发 1 分钟，整理纹路。

❷ 粉类过筛放入，用橡皮刮刀搅拌均匀，依次放入油⇒水，每次都搅拌均匀。蛋糕糊舀入模具中，舀至七分满，放入 190℃的烤箱中，烘烤 12~15 分钟。

❸ 制作卡仕达奶油。耐热容器内放入白砂糖、玉米淀粉，用打蛋器搅拌，放入香草豆荚（纵向对半剖开，刮出香草籽，和豆荚一起使用），一点点倒入用微波炉（600W）加热 20 秒的牛奶搅拌。无须盖保鲜膜，用微波炉加热 1 分钟，取出后用打蛋器搅拌，放入蛋黄继续搅拌，用微波炉加热 10 秒并搅拌。过滤后倒入方盘内，表面盖上保鲜膜，放入冰箱冷冻 10 分钟。

❹ 蛋糕放凉后，中间用抹刀切开 2cm 深，将❸装入有带圆形花嘴的裱花袋，挤入蛋糕内。淡奶油中放入蔗糖打发，装入带有星形花嘴的裱花袋中，挤在蛋糕上，装饰上对半切的草莓。

卡仕达奶油可以用微波炉制作，非常简单。放入白砂糖、玉米淀粉、牛奶搅拌，再放入蛋黄搅拌至顺滑。

待蛋糕放凉后，用小刀在中间切开 2cm 深，将奶油装入带有圆形花嘴的裱花袋中。如果没有圆形花嘴，也可以用小的星形花嘴。

13.
棉花糖巧克力玛芬

消化饼干中间夹入烤过的棉花糖和巧克力，就
是野餐甜点。巧克力和棉花糖入口即化，建议
趁热大口享用。

做法⇒p86

14.
牛蒡巧克力玛芬

放入带有朗姆酒香的蜂蜜煮牛蒡，牛蒡切碎以保留口感。不加牛蒡就是可可玛芬，搭配香蕉、葡萄干、红薯也很美味。

做法⇒p86

15.
洋葱青紫苏玛芬

放入奶酪粉的咸口玛芬。切成大块的洋葱是点睛之笔。也可以搭配西蓝花、西葫芦。

做法⇒p87

16.
鹌鹑蛋咖喱玛芬

放入欧芹、菠菜也非常美味。烘烤前撒上咖喱粉，能增添香味。

做法⇒p87

17.
圣女果培根玛芬

烘烤会让圣女果失水，味道变得更浓郁。搭配肉香十足的培根非常美味。也可以根据喜好，放入薄荷叶或者牛至叶。

做法⇒p87

13. 棉花糖巧克力玛芬 有蛋

材料（直径 7cm 的玛芬模 6 个份）

低筋面粉	100g
全麦粉（低筋型）	40g
蔗糖	70g
泡打粉	1 小匙
鸡蛋	2 个
原味酸奶	80g
菜籽油	2 大匙
巧克力板	1 块（50g）
消化饼干	3 块
棉花糖	小的 20 个（10g）

提前准备

· 与右页相同（用酸奶代替牛奶使用）。

· 巧克力板用手掰成小块，饼干对半掰开。

做法

❶　碗内放入粉类，用打蛋器转圈搅拌，倒入蛋液 + 酸奶 + 油，转圈搅拌。

❷　蛋糕糊舀入模具中，舀至八分满，每个蛋糕放上 2½ 小块巧克力、1/2 块饼干，放入 190℃的烤箱中，烘烤约 18 分钟。取出后，每个蛋糕放上 3~4 个棉花糖压好（注意避免烫伤），继续烘烤约 2 分钟。

将巧克力板用手掰成小块备用，消化饼干对半掰开，放在蛋糕糊上。也可以用较大的棉花糖制作。

---

14. 牛蒡巧克力玛芬 有蛋

材料（直径 7cm 的玛芬模 6 个份）

低筋面粉	120g
可可粉	10g
泡打粉	1 小匙
蔗糖	80g
鸡蛋	2 个
原味酸奶	80g
菜籽油	2 大匙
制作甜点用巧克力（苦巧克力）	70g
淡奶油	2 大匙

【蜂蜜煮牛蒡】

牛蒡	细长 1 根（100g）
蜂蜜	40g
水	100mL
朗姆酒	1 大匙

提前准备

· 与上文相同（不用巧克力板）。

做法

❶　制作蜂蜜煮牛蒡。牛蒡削皮后切碎，和蜂蜜、水一起倒入小锅内，中火煮至收汁，关火后倒入朗姆酒放凉（a）。

❷　粉类过筛放入碗内，放入蔗糖，用打蛋器转圈搅拌，倒入蛋液 + 酸奶 + 油，转圈搅拌。搅拌至略微残留粉类，放入❶的牛蒡，用橡皮刮刀搅拌均匀。

❸　蛋糕糊舀入模具中，舀至八分满，放入 190℃的烤箱中，烘烤 18~20 分钟。用微波炉（600W）加热淡奶油，无须盖保鲜膜，加热 20 秒，放入切碎的巧克力熔化，用汤匙涂抹在放凉的玛芬上。

15. 洋葱青紫苏玛芬 有蛋

材料（直径 7cm 的玛芬模 6 个份）

低筋面粉	120g
奶酪粉	40g
泡打粉	1/2 小匙
盐、胡椒粉	各少量
鸡蛋	2 个
牛奶	4 大匙
菜籽油	3 大匙
洋葱	1/2 个（净重 120g）
青紫苏	10 片

提前准备

· 鸡蛋室温回温，和牛奶、油搅拌。

· 模具内放入纸托。

· 烤箱提前预热到 190℃。

做法

❶ 碗内放入粉类，用打蛋器转圈搅拌，放入蛋液 + 牛奶 + 油，粗略搅拌。搅拌至略微残留干面粉后，放入切成 1.5cm 见方的洋葱、一半切成丝的青紫苏，用橡皮刮刀搅拌均匀。

❷ 蛋糕糊舀入模具中，舀至八分满，放上剩余的青紫苏，放入 190℃的烤箱中，烘烤 18~20 分钟。

---

16. 鹌鹑蛋咖喱玛芬 有蛋

材料（直径 7cm 的玛芬模 6 个份）

低筋面粉	120g
奶酪粉	40g
咖喱粉	1 小匙
泡打粉	1/2 小匙
盐、胡椒粉	各少量
鸡蛋	2 个
牛奶	4 大匙
菜籽油	3 大匙
鹌鹑蛋（水煮）	12 个

提前准备和做法

与上文相同（不用洋葱和青紫苏）。将蛋糕糊舀入模具中，放上 1 个鹌鹑蛋 + 对半切开的 1 个鹌鹑蛋，撒上少量咖喱粉（分量以外）烘烤。

---

17. 圣女果培根玛芬 有蛋

材料（直径 7cm 的玛芬模 6 个份）

低筋面粉	120g
奶酪粉	40g
泡打粉	1/2 小匙
盐、胡椒粉	各少量
鸡蛋	2 个
牛奶	4 大匙
菜籽油	3 大匙
圣女果	12 个
培根	2 片

提前准备和做法

与上文相同。用切成丁的培根代替洋葱和青紫苏，放入蛋糕糊中，搅拌均匀后舀入模具中，圣女果对半切开，切面朝上放在蛋糕糊上，每个蛋糕上放 4 块烘烤。

图书在版编目（CIP）数据

东京制果名师的玛芬蛋糕和杯子蛋糕 /（日）若山曜
子著；周小燕译 . -- 南昌：红星电子音像出版社，
2019.7
　　ISBN 978-7-83010-211-1

　　Ⅰ . ①东… Ⅱ . ①若… ②周… Ⅲ . ①蛋糕—糕点加
工 Ⅳ . ① TS213.23

中国版本图书馆 CIP 数据核字 (2019) 第 121371 号

责任编辑：黄成波
美术编辑：杨　蕾

东京制果名师的玛芬蛋糕和杯子蛋糕
（日）若山曜子　著　　周小燕　译

策划制作	北京书锦缘咨询有限公司（www.booklink.com.cn）
总 策 划	陈　庆
策　　划	滕　明
设计制作	王　青

出版 发行	红星电子音像出版社
地址	南昌市红谷滩新区红角洲岭口路 129 号 邮编：330038　电话：0791-86365613　86365618
印刷	北京美图印务有限公司
经销	各地新华书店
开本	210mm × 220mm　1/16
字数	27 千字
印张	5.5
版次	2019 年 11 月第 1 版　2019 年 11 月第 1 次印刷
书号	ISBN 978-7-83010-211-1
定价	49.80 元

赣版权登字 14-2019-314
版权所有，侵权必究
本书凡属印装质量问题，可向承印厂调换。